图书在版编目（CIP）数据

贝乐虎儿童自救急救书.皮肤大危机 / 徐惜麦著；张敬敬绘.—— 北
京：电子工业出版社，2020.8
 ISBN 978-7-121-39236-8

Ⅰ.①贝… Ⅱ.①徐… ②张… Ⅲ.①安全教育 - 儿童读物 Ⅳ.
①X956-49

中国版本图书馆CIP数据核字(2020)第129626号

责任编辑： 季　萌
印　　刷： 北京缤索印刷有限公司
装　　订： 北京缤索印刷有限公司
出版发行： 电子工业出版社
　　　　　北京市海淀区万寿路173信箱 邮编：100036
开　　本： 889×1194　1/24　印张：12　　字数：199.98千字
版　　次： 2020年8月第1版
印　　次： 2022年7月第2次印刷
定　　价： 138.00元（全6册）

凡所购买电子工业出版社图书有缺损问题，请向购买书店调换。若书店售缺，请与本社发行
部联系，联系及邮购电话：（010）88254888，88258888。
质量投诉请发邮件至zlts@phei.com.cn，盗版侵权举报请发邮件至dbqq@phei.com.cn。
本书咨询联系方式：（010）88254161转1860，jimeng@phei.com.cn。

贝乐虎 SOS 儿童自救急救书

皮肤大危机

开水烫伤 + 皮肤烧伤

徐惜麦 著　张敬敬 绘

电子工业出版社
Publishing House of Electronics Industry
北京·BEIJING

闪亮
登场

贝乐虎院长

米妮

大海

小猛犸

聪聪

抒抒

石头

诞妹

朱迪

美子

啾啾

唐唐

北北

葫芦

"丁零——"上课铃一响，三年级C班的同学们都齐刷刷地坐好，期待地看着小猛犸。

"同学们，大家的努力没有白费，我们班赢得了优秀班集体的荣誉！这个奖品……是我们的啦！"小猛犸的声音早就被大家的欢呼声盖住了。

终于得到"贝乐虎VR套装"了，别的班的同学不知有多羡慕！

"快打开看看！"小猛犸在大家的催促
下拆开了盒子。

一副精致的 VR 眼镜和一件触感皮肤衣
正静静地躺在盒子里，散发着耀眼的光芒。

"这是一套关于医疗体验的主题游戏，在游戏中，你们都会变成医生，救死扶伤。有了它，我猜咱们全班同学马上都要变身成为小小急救专家了！"小猛犸放下说明书，兴奋地告诉大家。

唐唐无论如何也没想到，他会被第一个抽中体验"贝乐虎急诊室"游戏。

他戴上眼镜，穿上皮肤衣，走廊里的喧闹声一下消失了！眼前亮了起来——身穿白大褂的贝乐虎出现在眼前！

"你好，欢迎来到'贝乐虎急诊室'，我是贝乐虎院长。"

"我是美子。"

"我……我是唐唐。"唐唐这才发现自己身边还站着一个女孩。

"唐医生，美医生，你们好。这是你们今天值班的急诊室。你们会在接诊过程中学习和掌握医疗设备的使用方法。你们的任务是尽力救治每一位患者。在处理紧急情况时，别忘了正在进行的'贝乐虎杯全国最受欢迎医生大赛'哦，患者的满意度决定着你们的排名。"

话音刚落，贝乐虎院长就消失了。

诊室里只剩下穿着白大褂的美医生和唐医生。

药箱

资料

患者资料数据库

病历资料

纱布

剪刀

听诊器

洗手液

洗手盆

消毒药水

美医生

冲洗池

药品柜

视力检测表

检查床

唐医生

就在美子和唐唐在急诊室里无所事事的时候，电脑里传来了"滴！滴！滴！"的提示声。

"1号、2号患者请进诊室就诊，3号患者请准备。"
紧接着，门开了，两个小姑娘同时冲了进来。

其中一个拎着裙子的小姑娘直直地冲到唐唐面前，还没等唐唐反应过来，就着急地说："医生，同学做实验点火时，把我烫到了！特别疼！"

唐唐顺着她拉起的裙子看去，只见她的一条腿上出现了大片的粉红色。这时旁边浮现出一行小字：

< 表皮红肿 >

诊断：1 度烧伤。

处理方法：

烫伤后立刻用冷水冲洗患处或将患处浸泡在冷水中 15~30 分钟，创面避免摩擦。

治疗方法：

涂抹烫伤膏。

注意事项：

避免创面摩擦。

"你……你这是1度烧伤！"唐唐忙说。

"啊！很严重吗？那怎么办？！"1号患者吓坏了。

唐唐顾不上理会患者，他正忙着记住系统提示的那些小字。

"立刻冷水冲泡？可是现在已经来不及了吧？那就直接涂烫伤膏？可以吗？"唐唐自言自语地说道，急得面红耳赤。

这时，唐唐突然发现办公桌旁的药箱里有什么东西在发光。

"啊，是烫伤膏！"唐唐心里终于有了底，手忙脚乱地把药膏涂在小姑娘泛红的腿上，问："好点儿了吗？"

小姑娘皱紧的眉头终于松开了一些：
"不那么疼了……医生，这样就行了吗？"
"是啊。"唐唐脱口而出。

患者走了，电脑里发出"滴！"的一声提示："1号患者满意度60%。原因：未讲解正确处理方法，未给医嘱。"

"医嘱？"唐唐一头雾水。这时，对面美子的电脑里传来"2号患者满意度85%"的声音。

唐唐有点儿沮丧。

原来，在唐唐接诊1号患者的同时，美子也接诊了2号患者。

在 2 号患者掀开袖子的一瞬间，美子惊呆了。

她可从来没见过这么奇怪的烫伤——只见两个又大又圆的水泡，左边 个，右边一个，整齐又对称地出现在 2 号患者的两个手腕上。

美子好奇地问："怎么弄伤的啊？"

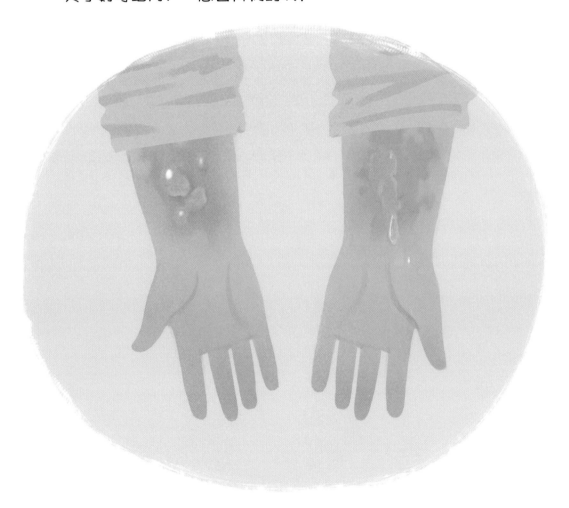

< 患处出现水泡且已破损 >
诊断：疑似浅 2 度烫伤。

处理方法：

伤后立刻用冷水冲洗患处或将患处浸泡在冷水中 15~30 分钟，除去衣物，避免摩擦。

治疗方法：

不要刺破小水泡。用消毒针扎破大水泡或易破损的水泡。患处涂敷烫伤药膏，用纱布包扎，2 天后换药。

注意事项：

避免创面摩擦。

用冷水冲或浸泡患处 15 ~ 30 分钟。

除去衣物。

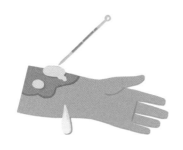

大水泡需用消毒针刺破。

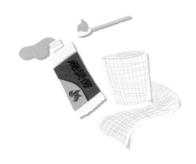

涂烫伤膏，用纱布包扎。

48小时

两天后换药。

避免创面摩擦。

"我感冒了,妈妈说,手腕贴大蒜能解毒去火、治感冒,就给我贴上了。一开始不疼,第二天越来越疼。"女孩委屈地说。

"贴大蒜能治感冒?贴大蒜起的泡,算烧伤吗?"美子一脸怀疑。不过,既然提示里写了是烧伤,就按提示做。

美子小心翼翼地剪开了女孩的袖子,让伤处完整露出来。

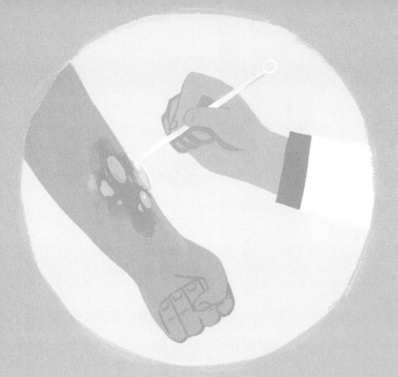

美子按照提
示，先用消毒针
将大水泡刺破。

接着，美
子又仔细地给
女孩的患处上
药。涂完药膏
后，轻轻地给
她包扎好纱布。

　　"你回去和妈妈说，不能再贴大蒜了，都把你弄成浅2度烧伤了。你的手不能沾水，少动、别摩擦患处，两天后再来换药，知道吗？"美子把刚才的提示默默地记在了脑子里，温柔地嘱咐着患者。

　　"知道了！谢谢医生！"女孩感激地说。

听美子说完，唐唐突然好后悔刚才没有好好叮嘱1号患者一些注意事项，也不知她的腿伤会不会加重。

这时，电脑里传来"3号患者请就诊"的声音。

紧接着，门"咣当"一声被推开，两个男孩搀着另一个男孩跌跌撞撞地走了进来，嘴里喊着："大夫！快救救他！酒精灯洒了，他的鞋被烧了！"

美子和唐唐都吓到了。

35

只见 3 号患者的一只脚上没有穿鞋，袜子被烧了一半，露出的脚部皮肤遍布着大小不一的水泡，红的红，破的破，血肉一片模糊。

诊断：浅 2 度至深 2 度烧伤。

处理方法：

采取"冲脱泡盖送"法，让患者尽快得到专业救治。

冲——用冷水冲洗患处 15 ～ 30 分钟。

脱——去除衣物。

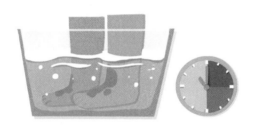

泡——继续将患处浸泡在冷水中 15 ～ 30 分钟。

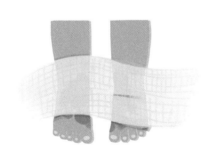

盖——用干净的布巾盖住患处。

送——尽快就医。

唐唐从来没见过这么严重的烧伤，又害怕又恶心，眼泪都在眼睛里打转了，还好有提示字吸引了他的注意。

　　他和美子同时看完了提示，对视一眼，异口同声说："冲水！"

　　他们一个抬脚，一个开水龙头，把3号患者的脚放到诊室的水池里冲了好久。

美子找来剪刀，小心地剪开残留的袜子，露出3号患者整只烧伤的脚，又把另一只袜子也剪开。接着，她和唐唐一起抬着他的脚放进水池泡冷水。

唐唐偷偷擦了一把眼泪，和大家一起将男孩放在病床上。美子找出刚才的纱布，把3号患者的脚盖住，然后冲两个男孩喊："快！把他送去烧伤科！"

他们七手八脚地推着3号患者刚出诊室门，唐唐和美子就被贝乐
虎院长拦了下来。

　　"恭喜你们，完成了'贝乐虎急诊室'烧伤环节的游戏体验。美医生的患者满意度平均值达到了 90%，唐医生的患者满意度是 65%。唐唐今后还要加油哦！"